少有人走的路

（手账本）
路上的冥想

［美］M.斯科特·派克 著

于雪 译

北京联合出版公司

图书在版编目（ＣＩＰ）数据

少有人走的路. 路上的冥想：手账本 /（美）M.斯科特·派克著；于雪译. -- 北京：北京联合出版公司，2023.6

ISBN 978-7-5596-6711-3

Ⅰ.①少… Ⅱ.①M… ②于… Ⅲ.①人生哲学—通俗读物 Ⅳ.①B821-49

中国国家版本馆CIP数据核字(2023)第066848号

Simplified Chinese Translation copyright © 2023 by Beijing ZhengQingYuanLiu Culture Development Co.Ltd.
MEDITATIONS FROM THE ROAD
Original English Language edition Copyright © 1993 by M. Scott Peck, M.D., P.C.
All Rights Reserved.
Published by arrangement with the original publisher, Touchstone, a Division of Simon & Schuster, Inc.

北京市版权局著作权合同登记　图字：01-2023-0449号

少有人走的路. 路上的冥想：手账本

著　　者：［美］M.斯科特·派克
译　　者：于　雪
出 品 人：赵红仕
责任编辑：高霁月
封面设计：WONDERLAND Book design
　　　　　仙境 QQ:344581934
装帧设计：季　群　涂依一

北京联合出版公司出版
（北京市西城区德外大街83号楼9层　100088）
北京联合天畅文化传播公司发行
北京中科印刷有限公司印刷　新华书店经销
字数80千字　640毫米×960毫米　1/16　12印张
2023年6月第1版　2023年6月第1次印刷
ISBN 978-7-5596-6711-3
定价：68.00元

版权所有，侵权必究
未经许可，不得以任何方式复制或抄袭本书部分或全部内容
本书若有质量问题，请与本公司图书销售中心联系调换。电话：（010）64258472-800

前　言

也许《少有人走的路：心智成熟的旅程》中最常被引用的一句话是这本书的开篇："人生苦难重重。"在字面上，这句话可以被翻译为："人生没有简单的答案。"你也不会在这本书中找到简单的答案。本书由《少有人走的路：心智成熟的旅程》和《少有人走的路5：不一样的鼓声》的摘录组成，我常常在讲座中对其中一两句语录进行长达一小时的详细阐述。

即便如此，我还是要警告我的听众们："我今天要说的一切都有例外。"因此，请不要认为这些摘录是便捷、完整的解决方案。相反，它们是更复杂、更令人费解的信息、见解、想法和看法，需要进一步反思。

有了这个唯一的警告，我相信你会发现这本书对你的生活以及你的朋友和家人的生活都有价值。事实上，它的主要目的之一是鼓励你深刻地思考，主要是为你自己思考。虽然毫无疑问，我的作品得益于恩典（包括优秀编辑们的恩典），但它们不是上帝的话语。

在思考它们时，不要犹豫，要持批判或怀疑的态度。的确，有一些摘录强调，怀疑主义是清晰思维的先决条件。例如，在《少有人走的路5：不一样的鼓声》一书中，我谈到了思考的完整性问题，本书11月27日引用的这篇文章建议："如果你希望辨别完整性是否实现，你只需要问一个问题：是否遗漏了什么？有什么被疏忽的地方？"我强烈建议你自问这本书每一页里的问题。

我以日常冥想的形式展示了这些摘录。在原文中，它们是我作为精神病学家和人类行为的观察者所做出的实践。我既有作为领导者的经历，又有作为不同群体中的成员的经历，无论哪种，我的目的都是实现真正的共同体，并且其中最重要的是，让我自己通往灵性的旅程。当然，这些原则不能完全脱离启发它们的案例研究和特定情况。因此，如果你希望在它们最初的故事里进一步探索它们，本书可以作为一个笔记和指南。

当我们从各个角度思考我们自己和生活时，我们会发现自己的思考既是整体的又是矛盾的。因此，你会在这几页书中发现很多悖论。不要因此惊惶，应当为此喜乐，陶醉其中。我想起了一位著名的哲学教授，他的一个学生有一天问他："老师，据说您认为所有真理的核心都存在悖论。这是真的吗？""嗯，是也不是。"这位伟大的教授回答说。

祈祷或冥想的一种常见形式是在一段时间内沉思一段单

一的、书面的选段。在犹太教和基督教的传统中，选段通常是《圣经》的一节。在佛教中，它可能是一个简短的字谜或心印。但它还可以是一首诗，也可以是一句诗或者任何更值得关注的东西。这就是这本书的用途。这些语录不是用来略读的，它们是用来在沉默和孤独中冥想的。和它们一起深入，与它们一起成长。深入了解它们和你自己的智慧。更深入地探究这个悖论。

让我给你一个最近的例子来说明这个过程在共同体中的作用。我参与主持了一个为期三天的会议，主题是"社区、灵性和纪律"。到第一天结束时，我已经清楚地看到，大多数参与者都是异常老练的人，拥有心理学、神学、教育学或商学的硕士学位。第二天早上，根据我长期的经验，我告诉他们，简单的人比复杂的人更容易达成真正的共同体。为了达成共同体，人们必须"清空"自己的头衔、证书和学术技巧。我已经强调过，共同体建设是一种类似于祈祷的精神训练。"你不必扔掉你所有的知识，"我解释道，"但你需要为更多的东西腾出空间。"我要求他们作为一个超过100人的共同体，一起在礼堂的座位上安静地坐10分钟，思考一个简单的句子。然后，我在他们面前揭开了一张挂图，上面用大字写着另一位更伟大的作家的话："温驯如鸽，精明如蛇。"

请加入我们，参与这项充满活力、发人深省的工作。

1月1日

一旦我们领悟了"人生苦难重重"的真谛，我们就能从苦难中解脱出来，实现人生的超越。只要真正理解并接受了这句话的事实，我们就会释然，再也不会对人生的苦难耿耿于怀了。

1月2日

人生是一连串的难题。面对它，你是哭泣抱怨还是积极解决？

January

1月3日

人若缺少自律，就不可能解决任何麻烦和问题。
在某些方面自律，只能解决某些问题，
全面的自律才能解决人生所有的问题。

1月4日

"问题"是我们成功与失败的分水岭。
问题可以开启我们的智慧与勇气；
实际上，
它们创造了我们的智慧与勇气。

→

面对问题，智慧的人不会逃避，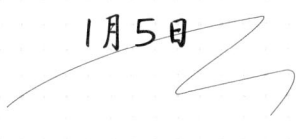
他们会迎上前去，
因为坦然直面问题并解决问题，
才让生命有了意义。

通过自律的方式，
我们体验问题带来的痛苦，
并成功解决它们，
在这个过程中学习和成长。
当我们教会自己自律的时候，
我们也在教会自己如何承受痛苦，
如何成长。

January

1月7日

通过重新设置快乐与痛苦的次序，
先面对问题并感受痛苦，
然后解决问题，
你能够享受更大的快乐。

1月8日

父母花在孩子身上的时间有多少，
表明了父母对孩子的重视程度。

1月9日

当孩子知道他们被重视的时候,
当他们从内心深处真正感受到自己被重视的时候,
他们就会觉得自己是有价值的。
父母的珍视让他们懂得珍惜自己,
懂得选择进步而不是落后,
懂得追求幸福而不是自暴自弃。
他们将自尊自爱作为人生起点,
这有着比黄金还要宝贵的价值。

1月10日

对自我价值的认可是自律的基础。当一个人觉得自己很有价值时,就会采取一切必要措施来照顾自己——包括善加利用自己的时间。在这个层面上,自律就是自我照顾。

January

1月11日

只有真正有意愿去花费时间，
才能解决任何问题。

1月12日

问题不会自行消失，
若不解决，
就会永远存在，
成为心灵成长和心智成熟的阻碍。

1月13日

问题拖得越久,就越是积重难返,只会更加难以解决。

1月14日

面对问题是解决问题的基本前提。
避之唯恐不及,
认为"这不是我的问题",
肯定于事无补;
指望别人解决你自己的问题,
也不是明智之举。
唯一的办法——
我们应该勇敢地说:
"这是我的问题,要由我来解决!"

January

1月15日

要做自由的人，
我们必须为自己承担全部责任，
同时也必须拥有拒绝承担不属于我们的责任的能力。

1月16日

在复杂多变的人生道路上，
判断自己该为什么事和什么人负责，
这是一个永远存在的难题。
要完成这一过程，
我们必须完全自愿和主动地
去进行反反复复的自我审视。

1月17日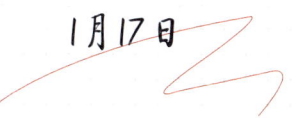

只有通过大量的生活体验,
让心灵充分成长、
心智足够成熟,
我们才能获得看清世界的能力,
看清自己在其中的位置,
客观评定自己和他人应该承担的责任。

1月18日

问题不会被解决,
直到你承担起解决它的责任。

January

1月19日

当我们尝试避免为自己的行为负责,
实际上是在把自己的权利拱手让给其他人或组织。
为了躲开责任带来的痛苦,
数不清的人甘愿放弃权利,
实则是在逃避自由。

1月20日

虽然头脑清醒的成年人可不受限制,
做出适合自己的选择,
诚然,选择也不意味着没有痛苦,
但至少可以"两害相权取其轻"。
我相信世界上存在压迫性的力量,
可是我们有足够的自由与之对抗。

1月21日

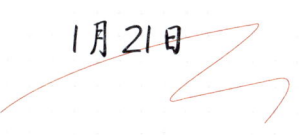

作为成年人,
其实我们一生都充满选择和决定的机会。
接受这一事实,
就会变成自由的人;
无法接受这个事实,
就会永远觉得自己是个牺牲品。

1月22日

如果我们追求健康的生活和心智的成熟,那我们就要坚定地忠于事实。我们越是了解事实,处理问题就越是得心应手。

January

1月23日

我们对现实的观念就像是一张地图，
凭借这张地图，
我们才能了解人生的地形地貌和沟壑，
找到指引自己的道路。
如果地图准确无误，
我们就能确定自己的位置，
知道自己要到什么地方，
怎样到达那里。

1月24日

只有极少数幸运者能够不停地努力，探索现实的奥秘，
扩大和更新自己的地图和对于世界的认知，
直到生命终结。

1月25日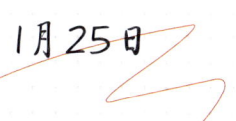

绘制人生地图的艰难,
不在于我们需要从打草稿开始,
而在于需要不断修订,
才能使地图的内容准确翔实。

1月26日

我们必须忠于事实,
尽管这会带来暂时的痛苦。
因为真理对我们的重要性与益处远胜过自身的安逸。

January

1月27日

完全忠于事实的生活到底意味着什么呢？
它意味着我们要用一生的时间进行不间断的、
严格的自我反省。

1月28日

智慧的生活意味着将思考与行动紧密结合起来。

1月29日

要认识世界，
我们不仅必须要检视世界，
而且必须同时检视自我。

⟶

1月30日

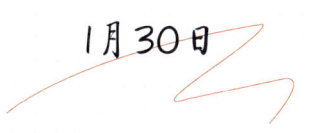

幸运的是,
随着科学和文明的进步,
我们逐渐意识到威胁世界的根源更多来自我们的内在,
因此不断地自我检视和自我反省对于我们的生存至关重要。

1月31日

反省内心世界带来的痛苦,
往往大于观察外在世界带来的痛苦。

2月1日

忠于事实的生活还意味着要敢于接受外界的质疑和挑战。

这也是唯一能确定我们的地图是否与事实符合的方法。

2月2日

人之所以为人，

或许就在于我们可以改变本性，

超越本性。

2月3日

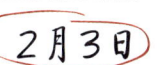

其实日常生活——

可能在冷饮店、会场、高尔夫球场、餐桌和床上——

给我们提供了很多接受挑战的机会，

让我们获得成长与幸福。

2月4日

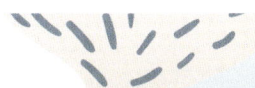

心灵的治疗不会结束，

直到接受挑战成为一种生活方式。

2月5日

人会说谎，

就是为了逃避质疑带来的痛苦和结果。

2月6日

隐瞒事实的行为本身总是蕴含着谎言。

开放的心态和积极的努力,

才能使我们的心灵获得成长。

这样的人给世界带来的是启迪和澄清,

而不是困扰。

2月8日

与封闭的人相比,

开放的人拥有更健康的心理状态,

更美好的人际关系。

他们开诚布公,

不必文过饰非,

因此少了很多忧愁和烦恼。

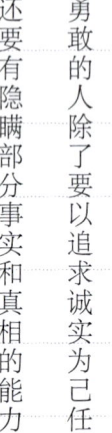

勇敢的人除了要以追求诚实为己任，还要有隐瞒部分事实和真相的能力。

2月10日

要自律、高效、睿智地生活，你既要学会推迟满足感，先苦后甜，同时又要尽可能过好当前的生活，让人生的快乐多于痛苦。

2月11日

放弃人生的某些东西,一定会给心灵带来痛苦。但不管是谁,经过人生旅途的急转弯时,都必须放弃某些快乐,放弃属于自己的某一部分。除非永远停留在原地,终止生命之旅。

2月12日

在这个复杂多变的世界里,想要人生顺遂,我们不但要有克制脾气的能力,还要具备生气的能力。

2月13日

我们要善于以不同的方式,

在合适的时机和场合,

恰当地表达生气的情绪。

2月14日

人们常说的"中年危机"之所以难以度过,

是因为要顺利进入人生的下一阶段,

我们必须放弃旧的、过时的习惯和观念。

2月15日

如果不敢面对现实，

或者无法放弃早已过时的东西，

就无法克服心理和精神的危机，

只能止步不前，不能享受到新生带来的欢悦，

也不能顺利地进入更加成熟的心智发展阶段。

2月16日

实际上，人类只有适当放弃自我，才能领略到切实的、狂热的、持续的生命的喜悦。

2月17日

正是"死亡"提供了一切生命的意义。

2月18日

一个人在生命之旅上走得越远,经历重生的次数就越多,与此同时,经历死亡的次数也更多——也就是更多的欢乐和更大的痛苦。但是,收获到的永远比放弃的多。

如果能够完全接受痛苦，

在某种意义上，

痛苦就不复存在。

2月20日

不断学习自律，

可以使心灵承受痛苦和解决问题的能力增强，

接近尽善尽美。

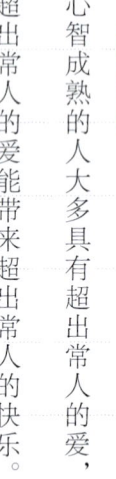

心智成熟的人大多具有超出常人的爱,超出常人的爱能带来超出常人的快乐。

2月22日

心智成熟的人凭借自律、智慧和爱,

而具备了非凡的能力。

尽管世界可能认为他们是相当普通的人,

因为他们往往会以安静甚至隐藏的方式行使他们的力量。

2月23日

判断一个人是否杰出和伟大的方式——

也许是最好的方式——

就是看他承受痛苦的能力。

而杰出和伟大本身,

又会给人带来快乐和幸福。

这看似成了一种悖论。

2月24日

最好的决策者,愿意承受其决定带来的痛苦,却丝毫不影响其做出决策的能力。

2月25日

佛教徒常常忘记释迦牟尼经历劫难的痛苦，

基督教徒也每每忽略耶稣济世的幸福。

耶稣在十字架上舍生取义的痛苦，

和释迦牟尼在菩提树下涅槃的幸福，

本质上并没有不同，

都是一枚硬币的两面。

2月26日

假使人生的目标就是逃避痛苦，那你完全可以得过且过，不必寻求精神和意识的发展。

2月27日

自律是人们心灵进化最重要的手段和工具。那么，我们为什么愿意通过自我约束去承受人生的痛苦呢？因为有一种力量在推动着我们，这种力量就是爱。爱是人们自律的原动力。

2月28日

我的定义是：爱，是为了促进自己和他人心智成熟，而不断拓展自我界限，实现自我完善的一种意愿。

2月29日

我们必须先拥有或完成某些目标之后，才有资格谈"放弃"。

3月1日

爱的行为就是自我进化的行为。尽管行为的目的可能是帮助别人进步和成长，但也会拓展自己的心灵，使自我更加成熟。

3月2日

不爱自己的人,

绝不可能去爱别人。

3月3日

我们不能在自己不自律的同时,

让爱的人学会自律。

3月4日

只有强化自身成长的力量,
才能成为他人力量的源泉。

3月5日

爱自己与爱他人,
其实是并行不悖的两条轨道,
随着事件的推进,
两者不但越来越近,
其界限最后甚至会模糊不清,
乃至完全泯灭。

3月6日

拓展自己界限的人,须先打破界限。

3月7日

爱不能坐享其成。我们爱自己或爱某人,就要持续地努力,帮助自己和他人一起获得成长。

3月8日

爱是一种由意愿而产生的行动——从字面上来说，既要有意愿，又要有行动。爱却不付诸行动，等于从未爱过。

3月9日

在所有关于爱的荒谬认知中，最常见的是相信"坠入情网"就是爱，或认为它至少是爱的一种表现。某种程度上，它的确有可能成为真爱的开始，因为我们在履行对对方做出的承诺时，真正的爱便可能产生。提前品尝了神秘的爱的狂喜后，我们仍醉心于那种美好的感觉，便可能去追求真正的爱。但"坠入情网"本身并不是真正的爱，只不过是爱的一种幻觉而已。

3月10日

真正的爱经常发生于未觉得爱的时刻，它无须以恋爱为基础，甚至没有恋爱的感觉。

3月11日

你可以凭借意愿和意志力来控制恋爱的激情，却不能凭空创造出激情。

3月12日

真正的爱是一种永久的自我拓展的体验。

3月13日

接受自己和对方的个性和差异，
是成熟婚姻的基础，
在此基础上，
真爱才能得以发展。

3月14日

要获得神性的启发，

达到至高境界，

体验到超凡的感觉，

必须经过成年人的阶段，

经历磨炼和修行，

没有捷径。

3月15日

舍弃自我之前，

须先找到自我。

3月16日

唯有通过对真爱的持续追求,
才能获得持久的喜悦和真正的精神成长。

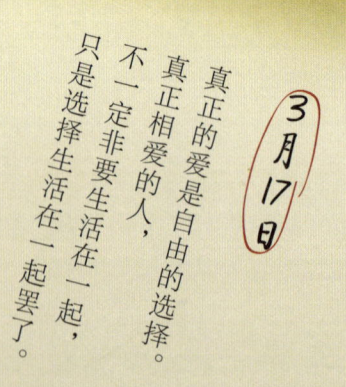

3月17日

真正的爱是自由的选择。真正相爱的人,不一定非要生活在一起,只是选择生活在一起罢了。

3月18日

保证自己获得爱的方式是

成为一个值得爱的人。

3月19日

爱的唯一目标,

乃是促进心智的成熟和人性的进步。

3月20日

圣人也需要睡眠,贤者也需要娱乐。

3月21日

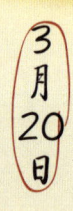

真正的爱,不是单纯的给予,还包括适当的拒绝、及时的赞美、得体的批评、恰当的争论、必要的鼓励、温柔的安慰和有效的敦促。

3月22日

比起越俎代庖地去照顾原本有能力照顾自己的人，培养他们的独立性才是爱的表现。

3月23日

爱的一个悖论是：它是自私的，同时也是无私的。

3月24日

真正的爱,
需要投入和奉献,
需要付出全部的智慧和力量。

3月25日

伴侣们早晚都会踏出爱河,
只有当双方的求偶本能结束,
他们的爱才开始接受真正的检验。

3月26日

真正的爱是自主的选择,

无论爱的感觉是否存在,

都要奉献出情感和智慧。

3月27日

找到爱的感觉,

并以此作为爱的证据,

显然轻而易举,

而表现出爱的行动却相当困难,

甚至会带来痛苦。

真正的爱,

其价值在于始终如一的行动,

这远远大于转瞬即逝的感觉。

3月28日

并非所有的努力和勇气都是爱,
但没有努力和勇气的不可能是真正的爱。

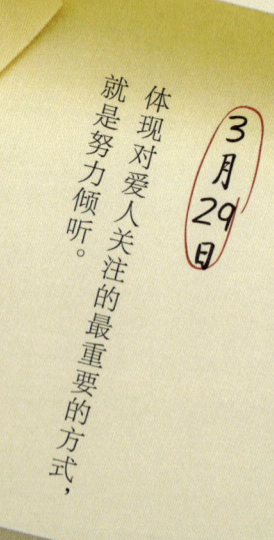

3月29日

体现对爱人关注的最重要的方式,就是努力倾听。

3月30日

认真倾听，
就是爱的付出，
爱的行动。

3月31日

改变可能使我们陷入痛苦，

并由此产生恐惧，

不同的人有不同的应对方式，

但只要想改变，

就无法避免恐惧。

4月1日

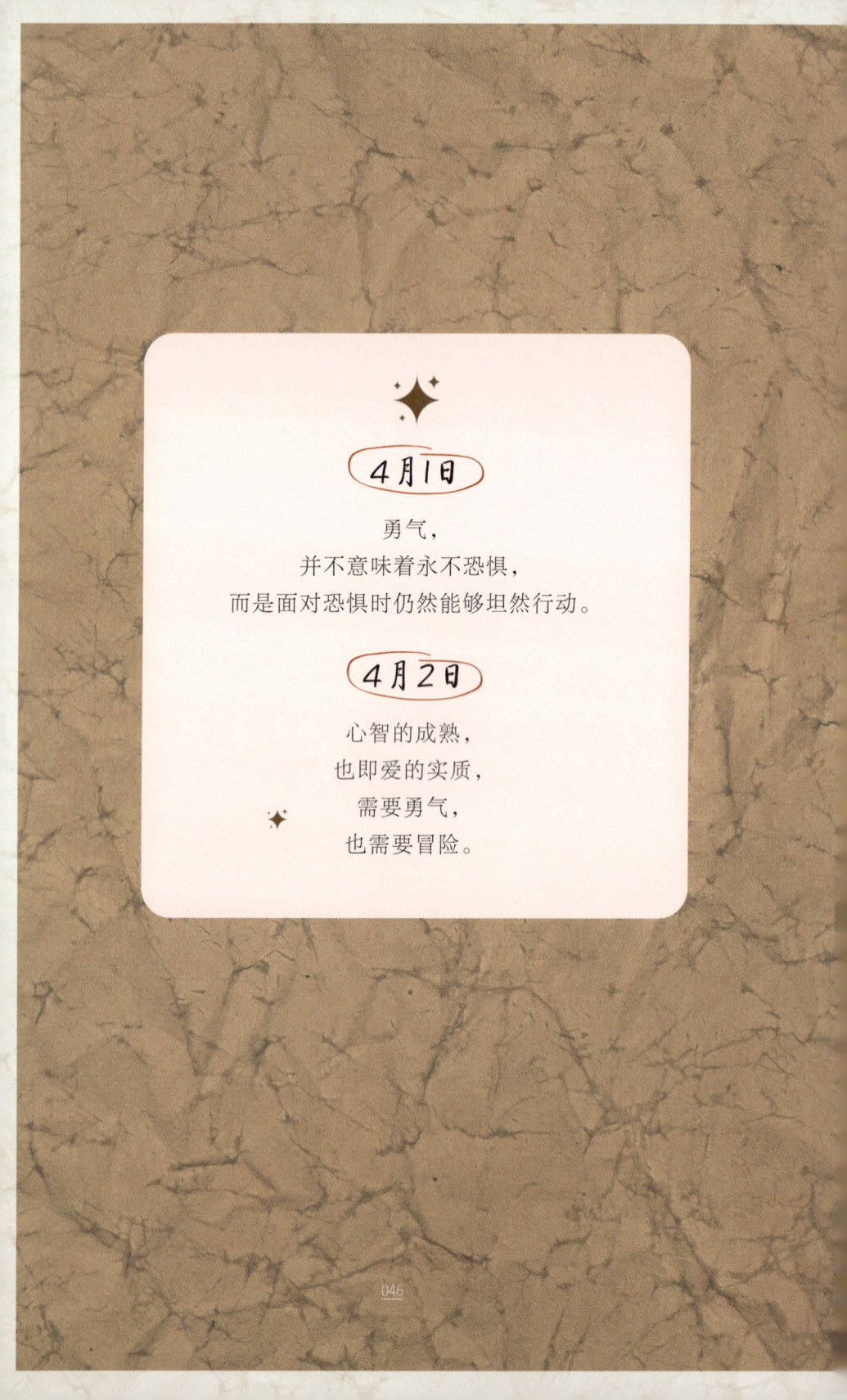

勇气，
并不意味着永不恐惧，
而是面对恐惧时仍然能够坦然行动。

4月2日

心智的成熟，
也即爱的实质，
需要勇气，
也需要冒险。

4月3日

如果不想经受痛苦,
就必须放弃生活中的许多事物,
包括子女、婚姻、性爱、晋升和友谊——
但正是这些事物才让人生丰富多彩。

4月4日

完整的人生势必伴随痛苦,
但同样可以收获快乐和幸福。
如果你想避免其中的痛苦,
恐怕只有完全脱离现实,
去过没有任何意义的生活。

4月5日

选择生活与成长,
也就选择了面对死亡的可能性。
不妨坦然接受死亡,
把它当成"永远的伴侣",
也许仍然会怕,
却可以丰富心灵,
变得更加睿智、理性和现实。

4月6日

如果不敢正视死亡——
"万物永远处在变化中"这一自然的本质,
就无法获得人生的真谛,
永远无法体会生命的宏大意义。

(4月7日)

人生是一场冒险。你投入的爱越多,经受的风险也就越大。

(4月8日)

我们一生要经历数以千计乃至万计的风险,而最大的风险就是成长。

4月9日

成长是带着恐惧迈出的一大步,
迈向未知、未决、不安、不被认可和不可预测。
很多人终其一生都未能实现这种跨越。

4月10日

人生唯一的安全感,
来自充分体验人生的不安全感。

4月11日

一个人必须大踏步前进，实现完整的自我，获得心灵的独立。尊重自我的个性和愿望，敢于冒险进入未知领域，才能够活得自由自在，使心智不断成熟，体验到爱的至高境界。

4月12日

充分投入并做出承诺，是一切真爱的基石。

(4月13日)

全身心的投入,
即便不能保证情感关系一帆风顺,
也会对感情顺利的影响因素大有裨益。

(4月14日)

进入婚姻之后,
对感情的持续投入促使了我们从恋爱到真爱的转变。
而正是生儿育女后持续投入的更多情感,
让我们从生物学上的父母成为有爱心、
有责任感的父母。

4月15日

对他人的真正了解,
须得你在内心为其腾出一块空间。

4月16日

回应孩子的需求,
父母需做出恰如其分的改变。
只有当我们愿意经受这种改变带来的痛苦,
我们才能成为孩子真正需要的父母。

4月17日

向子女学习是很多人成长与改变的最佳机会，
在此过程中，父母的收获可能远大于子女。
适应子女的变化，调整自我，
就不会与时代脱节，
对晚年人生也大有益处。

4月18日

爱的最大风险可能就是发生冲突时的
指责和假谦虚。

(4月19日)

真心爱一个人,
会承认并尊重对方的独立、
独特与个性。

(4月20日)

要成就美满幸福的婚姻,
夫妻双方要敢于直面冲突和矛盾,
成为彼此最好的批评者和建议者。

4月21日

适当的指责和冲突是成功的
人际关系中重要的一部分。
如果滥用,
就会产生消极的结果。

4月22日

想让别人听你的话,
就要采用对方能理解的语言;
想让别人满足你的要求,
要求内容就不能超过对方承受的限度。

4月23日

只有真爱带来的谦逊和诚实,
才能使我们勇气倍增,
使我们在行使权力时游刃有余,
也更加接近我们心中的上帝。

4月24日

自律是将爱转化为实际行动的具体方法。

4月25日

感情是人生活力的来源,
它让我们体验到人生的乐趣,
满足自我的需求。

4月26日

既然感情可以为我们服务,
我们就应该尊重它。

4月27日

真正的爱需要自我拓展和自我完善,
需要付出必要的精力,
而我们的精力终归有限,
不可能去爱每一个人。

4月28日

真正的爱是珍贵的,
有能力获得真爱的人都知道,
他们的爱必须通过自我约束,
尽可能地集中在家庭内部。

April　　　　　　　　　　　　　　　4月29日

如果你能说你与配偶和孩子建立了真诚的爱的关系，那么你已经成功地完成了比大多数人的一生完成的还要多的事情。

4月30日

自由与约束相辅相成，没有约束做基础，自由带来的就不是真正的爱，而是情感的毁灭。

真正的爱能够帮你完善自我。你促进对方心智成熟的程度越深，你的心灵也就能得到更多成长。

5月1日

你的爱越深，自我完善的程度也就越深，你会体验到莫大的喜悦，幸福感会越发真实和持久。

5月2日

May   5月3日

付出真爱的人，
总是尊重甚至鼓励爱的对象的独立成长和独特个性。

5月4日

婚姻是分工与合作并存的制度，
夫妻双方需要奉献和关心，
为彼此的成长付出努力。
理想婚姻的基本目标，
是让双方同时得到滋养，
推动两颗心灵共同走向成长的高峰。

男性和女性都有责任照料婚姻的后方营地，
也都要追求各自的进步，
攀登实现个人价值的人生巅峰。

5月5日

夫妻双方只有更加独立，
保持各自的情操和特性，
才能使婚姻生活更为美满。

5月6日

May　　　　　　　　　　　　　　　　　　5月7日

真正的爱不仅尊重彼此的独立，
也敢于培养彼此的独立，
甚至愿意承担分离和意外丧偶的风险。

5月8日

个人成长与社会的成长是紧密结合的。
没有成功的婚姻或成功的社会所提供的养育，
个人成长的旅程是很难完成的。

5月9日

夫妻任何一方登上人生的顶峰，都可以大幅度提高婚姻质量，将情感和家庭提升到更高层次，进而推动全社会的健康发展。

5月10日

在我们西方，"爱"这一话题似乎令心理学家们感到尴尬，以至极少提起，与此同时，印度教派的智者毫不讳言，他们指出，爱是力量的源泉。

May　　　　　　　　　　　　　　　5月11日

所有建立在真爱之上的情感关系，
其实都是互相勉励、
共同促进的心理治疗关系。

5月12日

一切人际交往都是彼此学习和教育的机会，
也是给予治疗和接受治疗的机会。

5月13日

当我的爱人第一次一丝不挂地站在我的面前，
任由我欣赏她的胴体时，
我的心中会燃起一种特殊的情感：
敬畏。
为什么呢？
既然性爱是人的本能，
我应该感觉到性的冲动才对啊！
单纯的性的饥渴，
足以维持种族的繁衍，
敬畏感有什么用呢？
性爱中为什么要加入敬畏这一因素？

5月14日

随着自律的不断加强，
爱和人生经验一并增长，
我们会越来越了解周围的世界，
以及自己在世界中的位置。
这种理解就是我们的信仰。

May 　　　　　　　　　　　　　　　　5月15日

我们通常很容易接纳周围人的信仰，
并把口耳相传的东西视为真理。

5月16日

父母是我们信仰的培植者，
他们的影响不仅在于话语，
更在于他们处事的方式。

5月17日

只有怀疑和挑战,才能使我们走上神圣的自由之路。

5月18日

为了成为最好的我们,我们的信仰或世界观必须是完全个人化的,完全是在我们自己对现实经验的严酷考验中,通过质疑和怀疑的火焰锻造出来的。

May   5月19日

除非经过亲身体验，
否则我们就不可以自以为了解某些事物。

5月20日

拥有对我们文化中常见的观念和假设持怀疑态度的科学精神，对我们的精神成长至关重要。但科学本身往往容易成为文化偶像，我们亦应保持怀疑的态度。

5月21日

我们的心智可能很成熟，成熟到足以摆脱对上帝的信仰。与此同时，我们也可能成熟到去信仰上帝，即接受宗教信仰。

5月22日

在怀疑论之前出现的上帝与在怀疑论之后出现的上帝几乎没有相似之处。

May　　　　　　　　　　　　　　　5月23日

当我们能够说"人既是平凡的也是伟大的""光既是波也是粒子"时，说明科学和宗教已经开始讲同一种语言，即悖论。

5月24日

我们一直在寻找燃烧的灌木丛、大海的边缘、天堂的咆哮。相反，我们应该在日常生活中寻找奇迹的证据。

正如我们的视力不能被科学的狭隘视野所削弱一样，我们的批判能力和怀疑能力也不能被精神领域的灿烂之美所蒙蔽。

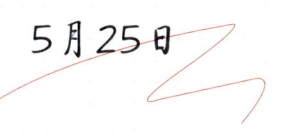

5月25日

世界上存在着某种神奇的力量，它凭借我们所不了解的一整套机制，在冥冥之中影响着大多数人，使之安然渡过难关，而且不致产生严重的心理问题。宗教界把它称为恩典。

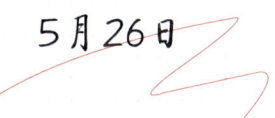

5月26日

May　　　　　　　　　　　　　　5月27日

如果你更多地了解你自己，就会发现你的潜意识——这个你所知甚少的"自己"，有着极为丰富的内涵，它的神秘性超出你的想象。

5月28日

潜意识通过梦境传递给我们的信息，只要能做出正确的解释，就能滋养心灵，促进我们的精神成长。这些信息会以各种形式出现，提醒我们小心陷阱；为某些难以解释的问题提供答案；在我们自认为正确时，明确地指出我们是错的；在我们自认为错误时，鼓励我们相信自己是对的；当我们犹豫不决时，也能帮我们找到方向。

5月29日

当我们醒着的时候,
潜意识可能会像我们睡着的时候一样与我们交流,
但采取的方式与通常的梦略有不同,
我们可以称之为"杂念"。
这些"杂念"通常能够令我们洞察自己。

人类有潜在的欲望和愤怒,
是自然而然的事情,
本身并不构成问题。
问题在于意识通常不愿面对这种情形,
不愿承受处理消极情感造成的痛苦,
甚至加以摒弃和排斥。
如此就导致了心理疾病的产生。

5月30日

May

5月31日

意识塑造的自我或多或少都要比真实的自我更强大一些。然而意识的能力终归有限，常常让真实的自己暴露出来。不管如何掩饰，潜意识都会看清真相。

6月1日

事实是，
潜意识几乎在一切方面都比意识更加睿智。

→

6月2日

所有的知识和智慧,似乎都储存在我们的潜意识里。我们学习某种新东西,实际上只是发现了一直存在于脑海中的某种事物。

6月3日

虽然我们的思维时常不承认奇迹的存在,但是,思维本身就是个奇迹。

June

6月4日

"意外发现的有价值或令人喜爱的事物"是上天恩典的表现之一,这样的恩典是我们所有人都能触及的,只不过有的人能够把握,有的人却让机会白白溜走。

6月5日

在恩典的惠顾下,看似不太可能的有益事件一直在我们身上发生。它们悄悄地来到我们跟前,敲打着我们意识的大门——就像甲虫轻轻撞击着窗户玻璃一样。

→

6月6日

我认为，如果从理念层面就拒绝承认恩典的存在，我们就不可能彻底理解宇宙本身和人类在宇宙中的地位，以及人类自身的本质。这样的态度很明显是危险的。

6月7日

在我们的一生中，心灵可以获得成长的机会无穷无尽，而且没有任何限制。心灵可以不断进化，始终生长发育下去，其能力可以与日俱增，直到死亡为止。

June

6月8日

依照我们对宇宙的认识，
进化过程本来并不可能发生。
生物进化的过程乃是莫大的奇迹。

6月9日

我们身后有一种无可名状的力量，
它使我们宁愿忍受痛苦，
选择艰难的旅途，
使我们敢于穿越荆棘，
蹚过泥泞，
走向更美好的人生境界。
尽管过程受到种种阻碍，
但我们确实成为更好的人。

→

6月10日

心智成熟的人不仅自己享受成长的果实,也会把创造的果实奉献给人类。

6月11日

个人的进化与社会的进化息息相关,这是人类进化的本质。

June

6月12日

推动个人乃至整个物种克服懒惰和
其他自然阻力的力量究竟是什么呢？
那就是"爱"。

6月13日

对自己的爱使我们愿意接受自律，
提升自己。
对别人的爱让我们帮助他们去自我完善。

→

6月14日

在生物世界中,存在着永久而普遍的进化力量,体现在人类身上,就是具有人性的爱。

6月15日

如果我们仔细思考的话,
就会发现"充满爱的上帝"
这个假设本身尽管简单,
却给我们带来了更多的难题。

June

6月16日

为什么上帝想要我们成长？
我们的成长方向和终极目标又是什么？
上帝究竟想让我们怎么样？

6月17日

如果我们认为上帝是充满爱的，
那么最终会得出这样的结论——
上帝想让我们成为他/她/它自己。

→

6月18日

我们的成长方向就是变成上帝。上帝不仅是推动进化的力量,而且是进化本身的目标。

6月19日

相信上帝高高凌驾于我们之上,
从我们永远无法到达的位置照看我们是一回事。
而另一种相信是我们需要达到上帝的位置,
拥有上帝的力量与智慧,
真正获得上帝的身份。

June

6月20日

如果我们能说服自己相信，
上帝的位置是我们自己永远无法达到的，
那我们就不必再担心自己心智成熟的问题了，
也用不着追求更高层次的觉醒和爱，
只需要放松下来，
做普普通通的凡人就好。

6月21日

一旦我们相信凡人真的有可能成为上帝，
就会永无宁日，
因为我们必须不停地追求更高层次的智慧与能力，
追求无止境的自我完善和心智成熟，
去肩负上帝的责任。

⟶

承认上帝滋养我们的目的，是让我们也成长为跟他/她/它一样的存在，这就需要我们面对自己的懒惰。

6月22日

只要克服懒惰，阻碍心智成熟的其他阻力都能迎刃而解；如果无法克服懒惰，不论其他条件如何完善，我们都无法取得成功。

6月23日

June

6月24日

懒惰是爱的对立面。

6月25日

当我们想权衡某种行为是否得当，
斟酌某种选择是否明智时，
如果不能聆听自己内心的上帝——
与生俱来的正义感——的声音，
人类通常无法获得上帝在
问题上的立场和标准。

→

6月26日

假如我们聆听内心的上帝的声音，
就会得到这样的指令：
我们需要选择相对艰难的道路。
要走完这样的道路，
我们就要付出更多的时间，
经受更多的痛苦。
这当然使我们产生恐惧，
从而想要逃避痛苦。

6月27日

懒惰的一个主要特征
就是对改变的恐惧；
懒得去做大量的辛苦工作。

June

6月28日

一旦去质疑上帝，
或许会给人带来麻烦，
但"亚当和夏娃"这则故事却告诉我们，
必须面对自己的责任，
做好属于自己的工作。

6月29日

我们个人参与对抗世界上的邪恶的战斗，
就是我们成长的方式之一。

→

6月30日

心智成熟的标志之一，就是能深刻地意识到自己的懒惰。

7月1日

想要获得恩典，我们就必须见到上帝，而最接近上帝的地方就是我们自己的心灵。

7月2日

我们的潜意识里蕴含着非凡的知识，潜意识里知道的事情永远比意识多得多。

7月3日

简而言之，

我们的潜意识就是上帝，

我们内心的上帝。

我们是上帝的一部分，

上帝一直与我们同在，

不论现在还是未来。

7月4日

在我看来，

集体潜意识就是上帝，

意识则属于个体，

而个体潜意识是两者之间的界面——

上帝的意志与个人意志较量的战场。

精神成长的目标是，

一方面成为上帝，

一方面仍保留意识。

7月5日

我们之所以生病，正是意识抗拒潜意识的智慧的结果。

7月6日

作为有意识的自己,

我们生来注定要面对这一事实:

我们可以不断成长,

成为具有上帝属性的一种崭新的生命形式。

7月7日

神学和大多数神秘主义的思想不是要变成牺牲自我,最后只剩下潜意识的婴儿,而是培养出成熟、自觉的自我,进而发展成神性的自我。

7月8日

如果我们能将自己成熟而自由的意识与心灵的上帝达成一致,上帝就会经由我们的意识,获得强有力的崭新的生命形式。我们可以按照上帝的意愿来影响世界和他人,代替上帝为人类服务,在没有爱的地方创造爱,进而推动整个人类的进步。

7月9日

政治力量就是以公开或隐秘的方式,
去强迫他人遵循自己的意愿。
心灵力量是在意识基础上做出决定的力量,
亦即意识的力量。

7月10日

我们做出决定时,

有时甚至不知道自己在做什么;

我们采取行动时,

有时并不了解自己的真实动机。

7月11日

真正的自知自觉无法依靠投机取巧或灵光闪现来达到,

它是缓慢而渐进的过程。我们踏出任何一步,都须有足

够的耐心,进行细致的观察和深刻的自省。

7月12日

如果我们沿着心智成熟之路耐心前进，通过付出努力，获得经验，渐渐地，人生之路将会清晰地出现在跟前，我们终将了解人生的真谛，清楚我们在做什么。我们必将拥有驾驭人生的强大力量。

7月13日

我们的心灵愈是成熟，

就愈有可能成为人生的专家。

当我们真正做到心明眼亮，

我们就参与到了上帝的全知之中。

7月14日

当被问及他们的知识和力量从何而来时，任何同时拥有这两种无价之宝的人总会回答："那不是我的力量。我所拥有的微不足道的力量，不过是来自另一种无比强大的力量。我只是作为一种途径而存在。"

7月15日

倘若觉察到与上帝密切的关系，放弃自我是真正强大的体验，使我们感到莫大的喜悦，呈现出幸福而平和的状态，空虚和寂寞都会一扫而空，或许，这就是所谓的"神交"吧？

> 7月16日

心灵汲取到足够强大的力量,固然令人感觉愉快,同时也可能使人恐惧。一个人知道得越多,就越是难以采取行动。

> 7月17日

我们每个人都是将军,我们采取的任何行动都有可能影响文明的进程。

7月18日

我们越是接近心中的上帝,就越是对他/她/它充满同情。我们一方面体验上帝给予的认知,一方面也会体验到上帝经受的痛苦。

7月19日

政治当权者至少还有心智相当的人与之沟通,总统或国王的身边,总是簇拥着一大群政客或臣下。但是,一个已经心智成熟到无所不知的人,却难以找到境界相当的人,没人能与他分享深刻的理解。别人可能会给你建议,但决定权在你手中。

7月20日

精神成长的路上伴随着高处不胜寒的冷清，这种孤独本身就像是沉重的负担。但随着与上帝越来越接近，我们与他/她/它心灵相通，能够感受到莫大的幸福，支撑我们鼓足勇气，忍耐孤独，踽踽独行。

7月21日

爱是为了心智成熟而拓展自我的意愿。

7月22日

我越来越相信,

我们之所以能具备爱的能力和成长的意愿,

不仅取决于童年时父母爱的滋养,

也取决于我们一生中对恩典的接纳。

7月23日

恩典的雨露滋润每一个人,

人人都可以公平地分享到属于自己的部分。

7月24日

与军官升迁的情形类似,

恩典的召唤也可被视为一种升迁——

让恩典降临到自己身上,

就意味着要承担更多的责任,

行使更大的权力。

7月25日

唯有深入认识这份恩典,

体验它的力量,

意识到自己与上帝多么接近,

我们内心深处才会产生前所未有的宁静。

7月26日

接纳恩典，意味着我们要抗拒惰性，挺身而出，成为力量的使者和爱的代理人，我们要代替上帝去行使职责，完成艰巨的使命。因此我们不得不放弃幼稚，寻求成熟；不得不忍受痛苦，从童年的自我进入成年的自我；不得不摆脱孩子的身份，转而成为称职的父母。

7月27日

我们渴望摆脱束缚和乏力的状态，

拥有成年人的自由和力量，

但却拒绝体验成年人应当承担的责任，

和应当遵守的自律。

7月28日

如果没有人代我们承受指责,

我们就会感到害怕。

若非有上帝与我们同在,

独自处于崇高境界的我们,

更会感觉不寒而栗。

7月29日

大多数人只渴望平安,

却丝毫不愿承受孤独。

他们缺乏忍受孤独的能力。

他们渴望拥有成年人的自信,

却不肯让心智走向成熟。

July

7月30日

响应恩典的召唤如此艰难，难怪耶稣说"被召唤者众多，被选中者寥寥"。

7月31日

在熵的力量作用下，抗拒恩典的召唤显得非常自然，于是，人们也习惯性地百般逃避。

我们并不是主动寻求恩典，而是恩典降临到我们头上。

8月1日

尽管我们的确可以选择是否响应恩典的召唤，但在另外一层意义上，是上帝选择了什么时候以何种方式发出这样的召唤。

8月2日

August

8月3日

如果我们能够完全遵循人生的自律原则，让心中充满了爱，那么即使我们对宗教完全没有了解，根本不去思考跟上帝有关的事情，也能准备好承接上帝赐予的恩典。

8月4日

尽管我们不能用意志创造出恩典，但却可以打开心扉迎接恩典的降临。

我们既是主动选择了接纳恩典，也是被动迎接恩典的降临，这一看似矛盾的情形，正是好运奇迹的精髓。

8月5日

每个人都想要获得爱，但在此之前，我们必须让自己值得被爱，做好接受爱的准备。要做到这一点，我们就需要把自己变成自律、心中充满爱的人。

8月6日

August

8月7日

如果我们一味追求别人的爱，期待着有人来爱我们，那就不可能达到这样的状态。但当我们不求回报地滋养自己和别人时，就会在不知不觉间成为可爱的人，这样爱就会在不经意间降临到我们身上。

8月8日

不期而遇的好运和收获不单纯是上天的恩赐，也是后天习得的本领。拥有这样的本领，我们就可以理解意识之外的恩典，就可以确保在我们前进的过程中，始终有一双看不见的手，有一种深不可测的智慧，指引着我们走向新生。这种智慧总是目光犀利、判断准确，远远胜于我们的意识。

即便有先知的告诫和恩典的协助，你仍需独自前行。

8月9日

没有任何一位心灵导师能够牵着你的手前进，也没有任何既定的宗教仪式能让你一蹴而就。任何训诫都不能免除心灵之路上的行者必经的痛苦。

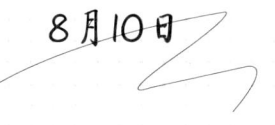

8月10日

August

8月11日

恩典的存在不仅证明了上帝的存在,而且也证明上帝确实存在于每个人的心灵之中。

8月12日

恩典可以让我们不至于摔跤,让我们知道往前走是上帝的意旨。我们还能要求什么呢?

8月13日

人类目前正在迈出进化意义上的一大步。我对他们说："我们究竟能不能成功迈出这一步，是你们每个人自己的责任。"

8月14日

仅仅作为群居动物显然是不够的。我们的任务——我们基本的、核心的、至关重要的任务，是把我们从单纯的群居生物转变成共同体生物。这也是人类实现进化的唯一途径。

August

8月15日

充分认识到人类的多样性，你便会理解人类的相互依赖性。

8月16日

要成为一个健全的人，我们需要成为"个体"，我们需要呈现出作为独立个体的独特性和差异性。我们也需要权力。

我们必须尝试并尽全力掌握自己人生航船的方向，成为自己命运无可争议的主宰。

8月17日

女性需要加强男性化的一面，反之亦然。想要成长，就必须努力克服自身的弱点，加强那些阻碍成长的薄弱环节。

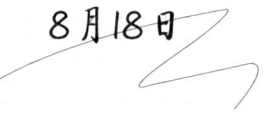

8月18日

August

8月19日

我们永远不可能依靠个人力量充分实现这一完整性。我们是天生的群居动物，人们热切地需要彼此，并不仅仅是为了生计，也不仅仅是为了陪伴，而是为了让生活更有意义。

8月20日

一群修士造访拉比的小屋，向他请教重振修道院的秘诀。拉比回答："没有秘诀，我很抱歉，我唯一可以告诉你的是，弥赛亚就在你们中间。"在这一想法的驱动下，尽管弥赛亚就在他们中间的可能性很小，这些年迈的修士相互间开始变得极为尊敬；尽管弥赛亚就是他自己的可能性更是微乎其微，他们仍然开始倍加尊重自己。

8月21日

我从未倡导过放弃建立全球和平的努力，但在我们通过个人生活和社交圈充分了解有关共同体的基本原则之前，对于建立全球共同体这一实现全球和平的唯一方式所需要的时间，我将始终保持观望的态度。

8月22日

当游戏始终无法通关的时候，认真考虑改变游戏规则并不是不切实际的。

August

8月23日

如果人类想要生存下去，改变规则是唯一的选择。

8月24日

精神治愈是一个令人逐渐臻于至善的过程。更确切地说，它是一个持续的意识强化过程。

8月25日

改变并不容易,但它是可能的,这是我们作为人类的荣耀。

8月26日

如果我们继续像现在这样,既不了解我们行为的动机来自何处,也不明白我们的文化如何影响着我们的决策,我们将无法保全我们的生命。

August

8月27日

为了保全我们的生命，必须拯救我们的灵魂。只有通过某种程度的精神治疗，才能治愈我们给这个世界造成的创伤。

8月28日

共同体——包容所有的信仰和文化，而不是抹杀它们，是"当代所面临的最大问题的核心"唯一的解药。

8月29日

"自由"与"爱"都是很简单的词,但实现起来并不容易。

8月30日

恰当的激进主义是企图探寻事物的根源,不被表面现象所迷惑,既见树木又见森林。任何深思熟虑的人都会成为激进分子,这本是件好事。

8月31日

真正的爱始终伴随着一些异常艰难的抉择。

9月1日

充分治愈是一个漫长的过程。即便到了五十岁，我仍在学习如何向别人寻求帮助，如何在脆弱的时候不畏惧地展现出自己的脆弱，如何允许自己适时地收起独立性，表现出依赖性。

9月2日

所有的敌人都是我的亲人（就像即使我们的家庭充满压力，我们也不得不依赖它），我们都在自然界中扮演着彼此重要的角色。

9月3日

如果你只是简单地寻求快乐，你是不可能找到它的。寻求创造和爱，而忽略你的幸福感，你反倒能在这个过程中感受到快乐。

9月4日

你无法寻求或把握住喜悦。但若投入到建立共同体的工作中，你便会得到它。

9月5日

我们中有很多最强大，同时也是最弱小的人，这些人的确是跛脚英雄。

(9月6日)

只有能够坦诚地分担那些具有普遍共性的事物——我们的软弱、残缺和不完美,我们的罪孽、缺乏完整性和相互依赖——我们才能真正地做自己。

(9月7日)

自从确信截然不同的人亦能彼此相爱,我从未对人类的处境彻底感到绝望。

> 9月8日

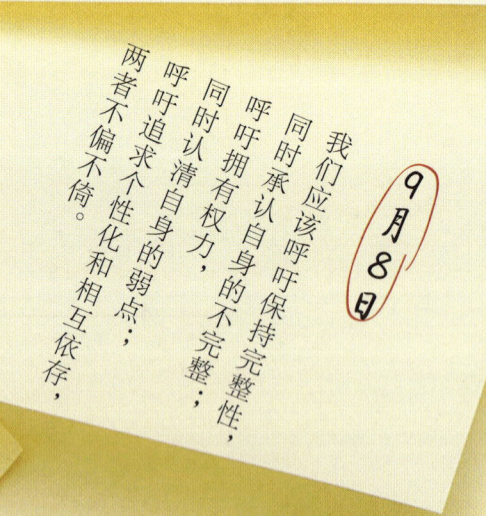

我们应该呼吁同时保持完整性，呼吁承认自身的不完整，同时认清自身的弱点；呼吁追求个性化和相互依存，两者不偏不倚，

> 9月9日

正如婚姻一样，共同体要求我们在遇到困难的时候，依然坚守在那里。

9月10日

在共同体中，人与人之间的差异被当作天赋来庆祝，而不是被忽视、否认、隐藏或改变。

9月11日

兼具黑暗与光明，神圣与亵渎，悲伤与欢乐，荣耀与平凡，共同体远比个人、夫妻或普通的群体更能够纵览全局。

9月12日

一旦学会欣赏别人的天赋，你就更能接受自己的局限性。

9月13日

见证别人倾诉他们的不足之处，你也会变得更能接受自己的缺陷和不完美。

(9月14日)

自我审视是洞察力的关键，

而洞察力又是智慧的关键。

(9月15日)

一旦成员们发现自己在脆弱时被重视和关怀，

他们就更不畏惧表现出自身的脆弱。

心门坍塌了，

爱和包容被充分释放，

随着彼此亲密关系的增加，

真正的治愈和转化开始了。

9月16日

共同体之所以被称为安全之所,正是因为在那里,没有人试图治愈或转化你、修理你、改变你。相反,人们接受真实的你、本来的你。

9月17日

当我们感到安全的时候,便自然而然拥有了治愈和转化的倾向。

9月18日

当我们摘下沉重的面具,看到面具下被掩藏的痛苦、勇气、破碎和更深的尊严时,我们才能真正开始将彼此作为同胞一样尊重。

9月19日

事实上,
每个人都很脆弱,
每个人都经历过创伤。
当我们都受伤的时候,
仍然要被迫掩盖自己的伤口,
这实在太不合理了!

9月20日

揭开伤疤固然是痛苦的,因而当我们分担彼此所经受的伤痛时,油然而生的关爱之情更显得弥足珍贵。

9月21日

精神是一种捉摸不定的东西,与具体的物质不同,它无从定义,难以捉摸。

9月22日

尽管我们大多数人仍然试图向自己或他人掩盖我们身上客观存在的缺陷,但事实上我们都有置身危机,需要帮助的时候。

9月23日

在汉语中,危机(crisis)这个词是由两个汉字组成的:一个代表"危险",另一个代表"隐藏的机会"。

(9月24日)

在大多数人的概念里，健康的生活应该是一帆风顺的，而事实却正好相反，越早遭遇危机，一个人的心理可能越健康。

(9月25日)

我们不必在生活中刻意制造危机，我们只需要认识到它们的存在就好。

9月26日

也许奇迹简单地遵守着我们人类目前通常并不了解的规律。

9月27日

对抗比假装没有分歧要好得多。

(9月28日)

我们只有摆脱先入之见,不再试图将自己和他人套入到固有的模式中,才能真正地去聆听彼此,才能听见真实的声音,才能获得纯粹的体验。

(9月29日)

真正的生活总是不期而遇的。

9月30日

当一位朋友沉浸在痛苦中时，我们可以做的最友善的事情就是分担这种痛苦，陪伴在他的身边，即使除了陪伴之外我们并不能给予更多，即使这种陪伴令我们自己也感到痛苦。

10月1日

我们必须坦然接受失败并欣赏『生活不是要解决的问题，而是要经历的奥秘』这一真相。

October

10月2日

牺牲是痛苦的,因为它是某种形式的死亡,却是重生所必须经历的那种死亡。

10月3日

为了真正地聆听每个人的心声,他们必须真正地摆脱所有成见,甚至是对表达所经历的痛苦和折磨的厌恶。

10月4日

我们必须在拥抱生活的光明的同时，也接纳生活的黑暗。

10月5日

进入未知领域总是令人恐惧，但也只有通过冒险我们才能了解那些显著的新事物。

October

10月6日

我们无法直接对他人进行治愈和转化。我们所能做的是在尽可能深的层面上审视自己的动机。在这样的氛围中,治愈和转化将在无人推进的情况下自然而然地发生。

10月7日

人们更愿意仰仗领导者的指挥,比起自己做决策,他们更希望领导者直接告诉他们应该怎么做。

10月8日

在共同体建设小组中，一言不发的成员为群体所做出的贡献可能与侃侃而谈者一样多。

10月9日

重新进入一个没有任何变化的社会，对于那些自身已经发生改变的人而言往往是痛苦的，有时甚至是彻头彻尾的创伤。

October

10月10日

我们人类渴望真正的共同体，并将努力维持它，正是因为它是最完整、最具活力的生活方式。

10月11日

每个人都有成为牧师的潜力，他们唯一需要选择的是做个好牧师还是坏牧师。

没有结构意味着混沌。严丝合缝的结构则意味着没有空灵的空间。

10月12日

在适当的条件下,小群体完全有可能共同生活在爱与和平的氛围中。

10月13日

October   10月14日

我们在迈向更大规模的共同体时所踏出的第一步或许应该是接受这样一个事实：我们不是，也不可能是完全一样的。

10月15日

共同体是一种团结的状态，身处其中的时候，人们不再设下心防，而是学着坦诚相待，不再企图消除差异，而是学着接受甚至欣赏它们。

像爬行动物一样，我们贴地而行，深陷于动物性和文化偏见的泥淖中。然而，如同飞鸟一般，我们也拥有翱翔于天际，至少在短暂的时间内超越我们狭隘的思想和罪恶的精神力和行动力。我们的任务就是与心中的巨龙和解。

10月16日

我们无法再回到与万物融合的无我意识的状态（比如，伊甸园的故事），只有穿越严酷的荒漠进入意识更深层的领域才能获得拯救。

10月17日

October

10月18日

关于人性，最主要的错误观念——甚至可以说是幻觉——就是人类都是相同的。

10月19日

精神旅程的动力是我们所有人共有的复杂特征之一，它们为人类同时具有独特性和相似性提供了另一个例子。

没有人能质疑男性精神与女性精神之间的巨大差异。然而男性和女性必须面对同样的精神问题并在成长过程中克服相同的障碍。

10月20日

人性最本质的特征是其出色的转型能力。矛盾的是，这种能力既是战争的成因，也是战争最根本的解药。

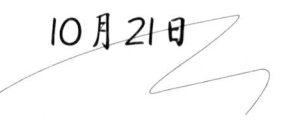

10月21日

October

10月22日

那些心灵和精神永葆青春的人，恰恰是心理上和精神上最为成熟的人。

10月23日

真正成熟的人是那些已经学会不断发展和锻炼他们转型能力的人。

成长得越多，我们清空自己的能力也逐渐增强——我们能够摆脱掉那些陈旧的事物，让新的事物涌入，从而给转型带来可能。

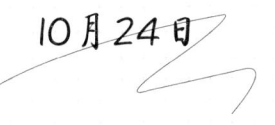

10月24日

真理会带给你自由——但首先会把你逼疯。

10月25日

October　　　　　　　　　　　　10月26日

我们越是不设防,越是容易身陷险境;同时,我们内心越是柔软,也就越坚韧。

10月27日

实现共同体的关键是接受,其实更应该说是庆祝我们个体和文化的差异。这也是世界和平的关键。

我们也许会因为别人的缺陷和不成熟而不喜欢他们,但随着我们的不断成长,我们越来越能够去接受、去爱他们的缺陷及所有的一切。

10月28日

基督的戒律不是彼此喜欢,而是彼此相爱。

10月29日

October　　　　　　　　　　　10月30日

神秘主义者承认未知事物的严重性，但并不会被它们吓倒，而是试图更深入地向内探寻，从而对其有更多的了解，即使他们往往意识到了解得越多，事情反而变得越神秘。

10月31日

成为好老师或智者的关键在于只领先你的学生一步。如果不领先就无法引导他们，但如果过于超前又可能会失去他们。

我们无法靠自己的力量去接近上帝。我们必须接受内心最高力量的指引。

11月1日

在我们的发展过程中,我们既不能,也不该跳过质疑。

11月2日

11月3日

只有通过质疑,我们才能开始模糊地意识到生命的本质是灵魂的发展。

11月4日

我们初次意识到我们正在旅途上——我们都是朝圣者——的时候,也是我们第一次真正开始有意识地与上帝合作的时候。

11月5日

出于对整体的爱与承诺,我们所有人几乎都有能力超越自身的背景和局限。

11月6日

我们发展真诚共同体而获得拯救的程度,主要取决于我们人类在学习自我清空的过程中所达到的高度。

11月7日

当我们放空自己的时候，会有东西进入到空灵中来。冥想之美在于我们无法控制进入空灵的事物。它们只会来自我们所获悉的那些曾经无法预料的、意想不到的、崭新的事物。

11月8日

真正的沉思需要冥想。它要求我们在能够产生真正具有独创性的见解之前停止思考。

11月9日

"沉思"更广泛的定义用以指代富于反思、冥想和祈祷的生活方式。这是一种致力于将认知程度最大化的生活方式。

11月10日

为了生存,共同体必须时不时地停下正在做的事情(个人也是如此),问问自己现在做得如何,思考共同体应该何去何从,并在放空中聆听答案。

11月11日

空灵的最终目的是为不同的、意想不到的、新的、更好的事物留出空间。

11月12日

我们只有使自己变得空灵,才有可能让其他人进入我们的心灵或思想。我们只有在放空中才可能真诚地倾听他的声音,或者真正听到他。

11月13日

没有沉默就没有音乐,只有连续的噪音。

11月14日

如果我们不能从自己先入为主的文化思想或理智所勾勒的形象和期望中解脱出来,我们不但不能理解他人,甚至无法去聆听他们,从而也就无法产生同理心。

11月15日

相比于任何其他形式，我们的爱和牺牲，通过我们愿意如何接受未知的方式淋漓尽致地展现了出来。

11月16日

接受模棱两可并且能够矛盾性地思考，既是空灵的品性之一，又是心灵成长的要求之一。

11月17日

如果放弃某些东西的唯一理由是为了获得更好的东西,那么我们必须问自己:"为了获得和睦与和平,我们必须在哪方面清空自己?"

11月18日

开放性要求我们不设防,能够并甘愿接受伤害。

11月19日

我们只有一再遭受苦难，经历压抑和绝望、恐惧和焦虑、悲恸和伤心、愤怒和痛苦、困惑和怀疑、批评和拒绝等才能拥有丰富的生活。缺乏这种情感动荡的生活不仅对自己没有用处，对其他人也是无用的。

11月20日

如果不愿意受伤，我们将无法被治愈。

(11月21日)

一位先知曾教导过我们,
只有不设防才能实现救赎。

(11月22日)

我们都会有问题、缺陷、神经质、罪恶、失败。
不完美是我们人类为数不多的共同点之一。

11月23日

只有在明显的缺陷中我们才能意识到共同体的美好，也只有在世界各国明显的缺陷中我们才能意识到和平的珍贵。

11月24日

我们能够互相赠予的最珍贵的礼物就是我们自己的创伤。

(11月25日)

没有共同体就没有和平,
没有生存的希望,
实现共同体的必要条件是不设防,
而不设防必须承担风险。

(11月26日)

保持完整性永远伴随着苦痛。

11月27日

如果你想检验完整性是否实现，你只需要问一个问题：是否遗漏了什么？有什么被疏忽的地方？

11月28日

一旦我们能够全方位地思考，我们就会意识到，我们都是管理者，我们不能拒绝作为管理者对整体中的每一部分所应承担的责任。

11月29日

花园里的花并不属于我,
我不知道如何创造一朵花,
我只能照料或服务于它。

11月30日

追溯到事物的本源,
几乎所有的事实都是自相矛盾的。

12月1日

宗教真理的特征在于包容性和矛盾性。宗教的虚伪可以通过其片面性和融合全体的失败来检验。

12月2日

个人的精神成长是一个孤独的旅程，需要抛弃父母的影响、家族的传统、文化的束缚，甚至自己习惯的生活方式。

12月3日

获得救赎是恩典和行善共同作用的结果,
它非常神秘,
足以藐视任何数学公式。

12月4日

接纳不一样的鼓声,
不仅是建立真诚关系的基础,
也是治疗乌合之众的良药。

12月5日

尽管所有形式的思维都应该被容忍，但是某些形式的行为不能。行为具有最终的决定性。

12月6日

如果一个宗教信仰所涵盖的内容不能显著地影响这个民族的经济、政治和社会行为，那么这个宗教信仰就是一个谎言。

12月7日

任何深层次的关系都会涉及争论,甚至可以说是需要动荡。

12月8日

我认为上帝足够宽容大度,
不会介意我们时不时地咒骂一两句。
真正激怒他/她/它的是被利用。

12月9日

人际沟通的总体目标是——
或者应该是——
和解。

12月10日

有时候，对抗性的，甚至愤怒的沟通是必需的，它有助于将人们的注意力集中在那些客观存在的障碍上，从而能够进一步击溃它们。

12月11日

沟通的实际任务是在我们之间创造爱与和谐，缔造和平。

12月12日

缔造和平与和解——
建设共同体——
这不仅是全球性的问题，
还关系到任何一个企业、
社区和家庭的问题。

12月13日

缔造和平的主要障碍是被动性。

12月14日

达格·哈马舍尔德（Dag Hammarskjöld）教导我们："在我们这个时代，通向圣洁必须采取实际行动。"

12月15日

足够长时间地把人们当成狂暴的疯子来对待，几乎可以肯定，他们真的会变成狂暴的疯子。

12月16日

若想拯救我们自己，
我们必须迅速地学会顺应人性。
在接受将它作为我们的任务之前，
我们并不真正追求和平，
我们只渴望力量。

12月17日

结束心理博弈的唯一方式就是立即停下。

12月18日

为了让我们尊重自己，我们必须有一定的尊严和与之相伴随的某种程度的骄傲。

12月19日

今天的时代要求我们承担和平的重大风险。

12月20日

真正的基督徒必须生活在危险之中。

12月21日

我们每个人、每个灵魂,都是善恶势力斗争的战场。

12月22日

真正的共同体的特征之一是:
它是一个可以优雅战斗的化身。

12月23日

我们都面临着实现成熟的目标,而共同体为最有效地实现这一目标提供了最佳的环境。在共同体中,所有成员都会学习如何发挥领导作用,并与自己依赖权威人士的倾向做斗争。

12月24日

一个真正的长期共同体的成员曾经说过:"我们对彼此爱得太深,以至于不能允许任何人逃避任何事。"

12月25日

缔造和平、建立共同体,最终必须从基层开始,从你开始。

12月26日

请记住,想法优先于行动。

12月27日

如果你单纯地把注意力集中在优化你的共同体上，它美丽的光芒自然会在不经意间闪耀。

12月28日

真正的共同体是包容性的，如果你是一位富有的白人民主党人，你最需要向穷人、黑人以及共和党人学习。只有汇集了他们的天赋才算得上圆满。

12月29日

无论我们喜不喜欢,我们都必须成为和平的缔造者。

12月30日

赢得这场战争所需要的战略基石是共同体,而唯一的武器,是爱。

12月31日

我们共同的任务是让世界充满爱。